Dʳ MACREZ

Ancien Interne des Hôpitaux de Paris

SAINT-SAUVEUR

LA CURE ET LE PAYS

Dr MACREZ

Ancien Interne des Hôpitaux de Paris

Membre de la Soc. d'hydrologie méd. de Paris

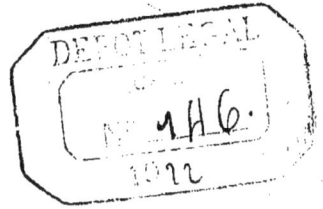

SAINT-SAUVEUR-LES-BAINS

(Hautes-Pyrénées)

LA CURE ET LE PAYS

Table

Le médecin qui a souci de ses malades hésite souvent, quand le moment arrive de s'en séparer pour quelque temps, à les envoyer dans une station dont il connaît bien l'effet salutaire des eaux, mais dont il connaît mal les détails pratiques pour la vie de chaque jour, ressemblant en cela au père de famille qui n'éloigne jamais ses enfants sans être certain de leur bien-être, quand ils seront loin de lui.

Dans ces quelques pages, j'ai l'intention, non pas de résumer tout ce qui a été écrit sur Saint-Sauveur, mais d'indiquer « ces détails pratiques », pouvant rendre un grand service au médecin qui conseille et au malade qui le consulte.

Pour tâcher d'éviter le reproche de partialité, j'ai puisé les renseignements aux meilleures sources et je les cite tels qu'on les y trouve.

Ainsi donnés, ces renseignements auront peut-être le tort de paraître un peu longs et d'exiger, pour leur lecture, un esprit attentif. Mais une indication fournie par un seul mot n'a souvent d'autre mérite que celui de la concision. Les notes au bas de la page seraient souvent indispensables pour la bonne compréhension du texte. Ce sont ces notes qu'on devrait mettre au bas des pages des indications et contre-indications de la cure à Saint-Sauveur que j'ai l'intention d'éviter. La valeur scientifique des citations m'en fera pardonner la longueur. Ces citations sont d'ailleurs indispensables, à mon avis, à qui désire vraiment connaître les propriétés des eaux de Saint-Sauveur.

Aussi bien, ces renseignements, ainsi réunis, pourront être lus à loisir, épargneront aux praticiens la perte de temps plus ou moins considérable que leur fait subir la visite d'un médecin d'eaux thermales, et atténueront chez ce dernier l'embarras que lui fait éprouver la crainte de son importunité.

Juin 1899.

Historique

Pendant plusieurs siècles, les eaux sulfureuses de Saint-Sauveur ne furent que les succédanées des eaux sulfureuses de Barèges. Si les habitants de la région et des provinces éloignées allaient faire un séjour à la source renommée, les habitants de Luz, soit par conviction, soit par commodité, se contentaient de Saint-Sauveur, de ses eaux, quoique plus tempérées, et de son aménagement alors embryonnaire.

Vers 1750, l'abbé Bézégua, revenant mal en point de Barèges où il était allé pour soigner un catarrhe vésical, s'arrêta à Luz, but, sur le conseil des habitants, l'eau de la fontaine portant sur son fronton : « *Vos haurietis aquas de fontibus Salvatoris* » (1), y prit des bains et fut guéri. Dès lors, il se consacra à faire connaître la source bienfaisante.

La différenciation entre les sources de Barèges et celles de Saint-Sauveur se fit peu à peu, et la distinction bien tranchée ne fut établie qu'au début du siècle dernier.

Ce sont les malades qui spécialisent les eaux, et non la mode. A Saint-Sauveur, vinrent de plus en plus nombreuses les femmes souffrant des organes pelviens.

Les travaux de Charmasson de Puylaval, Lécorché, Caulet, étudièrent l'action de ces eaux dans les affections utéro-pelviennes et la stérilité.

●

---

(1) Cette inscription (passage d'Isaïe, XII, 3), avait été gravée en 1569 par Mgr Gentien Belin d'Amboise, proscrit et réfugié dans la vallée de Luz. On pense que de cette inscription est venu le nom de Saint-Sauveur.

Parmi les malades illustres qui vinrent à Saint-Sauveur, on note, sans parler de la reine Draga (de Serbie) :

La reine Hortense, *qui y conçut, dit-on, Napoléon III ;*
La duchesse d'Angoulême, *fille de Louis XVI ;*
La duchesse de Berry, *bru de Charles X ;*
Napoléon III, *à qui le Dr Fabas fit suivre le traitement thermal ;*
L'impératrice Eugénie, *qui fut soignée par le Dr Charmasson de Puylaval.*

Ainsi, cette petite station reçut, en moins d'un siècle, la visite de trois familles régnantes.

Saint-Sauveur

770 mètres d'altitude.

SOURCE DES DAMES :

principal établissement, parfaitement installé, possède 26 cabines de bains, une salle d'hydrothérapie avec piscine, des douches ascendantes et vaginales.

On y trouve des chaises à porteurs pour les personnes peu valides.

— Eau sulfurée sodique, riche en barégine et azote.
— T° : 34°,8.
— Débit : 1.450 hectolitres en 24 heures.

Analyse (d'après Filhol).

Sulfure de sodium	0,0218	par litre.
Chlorure de sodium	0,0695	—
Sulfate de soude	0,0400	—
Silicate de soude	0,0704	—
Silicate de chaux	0,0062	—

Silicate de magnésie..........   0,0031 par litre.
Silicate d'albumine..........   0,0070   —
Silicate de potasse..........   traces.   —
Matières organiques..........   0,0320   —
Iode.....................   traces.   —
Acide borique ....   traces.   —

SOURCE DE HONTALADE (*Fontaine de la Fée*) :
Établissement et buvette.

— Eau sulfurée sodique (0,0197 de sulfure de sodium par litre).
— T° : 22°.
— Débit : 180 hectolitres en 24 heures.

SOURCE DUFAU (Buvette).

— Eau sulfurée sodique. — T° : 20°. — Débit : 95 hectolitres en 24 heures.

Caractères de l'eau

L'eau est limpide, d'odeur faiblement sulfureuse. Elle est onctueuse au toucher et contient, non encore dissous, en suspension des flocons plus ou moins gros, plus ou moins grisâtres, plus ou moins mucilagineux de *barégine*. Par leur aspect, souvent, ces flocons font penser — à tort — à un mauvais entretien des baignoires.

L'eau dégage de nombreuses petites bulles de gaz azote. On sait que la présence de ce gaz est toujours liée à celle des gaz rares : argon, hélium, néon, crypton, xénon, et on sait aussi que l'hélium est un produit des émanations radioactives.

A l'émergence même de la source sont placées les baignoires en marbre gris. L'eau y arrive directement sans avoir été en contact avec la lumière; elle y arrive à l'état natif, virginal, vivante, sans rien perdre de sa thermalité, sans altération de ses sels, de ses gaz ni de ses émanations.

Une canalisation spéciale partant du griffon est installée pour permettre les irrigations vaginales pendant la durée du bain.

Propriétés des eaux de Saint-Sauveur

Malgré leur forte sulfuration (7 grammes de sulfure de sodium pour un bain de 300 litres), les eaux de Saint-Sauveur sont les *seules eaux sulfureuses* possédant une **action sédative** primitive, immédiate du système nerveux.

Elles ont de plus une **action utérine** très manifeste qui leur est particulière.

Elles sont **reconstituantes.**

En dehors de ces caractéristiques, elles possèdent *toutes les propriétés communes* aux eaux sulfureuses en général.

Action utérine :

« L'action utérine se manifeste dès le quatrième ou cinquième jour par des altérations profondes de la sensibilité et de la contractilité utérines. Tout d'abord, c'est une sensation nullement pénible éprouvée dans le bassin et que les malades accusent en disant qu'elles sentent leur matrice; bientôt la sensation devient désagréable, agaçante (pression intérieure, pincements)...

« Vers le dixième jour, au moment où les troubles pelviens sont le plus accentués, apparaît le phénomène particulier de l'*Hydrorrhée thermale* dont la répétition amène la détente et diminue sensiblement l'intensité des malaises. Il consiste en l'émission par les organes génitaux d'un liquide clair, à peu près incolore ou légèrement coloré, ne laissant pas de trace sur le linge ou l'empesant légèrement. Cet écoulement n'est pas continu; il se fait brusquement, comme par jet, et se répète à des intervalles variables... »

Dr Caulet : *De l'action utérine des eaux de Saint-Sauveur, Soc. Hydr.,* 1879.

Maintes fois, j'ai observé pendant ou peu de temps après la cure thermale, le rejet de polypes intra-utérins ou de débris placentaires, ce qui m'a fait dire :

« Sous l'influence de la cure thermale, le muscle utérin, par des contractions provoquées, tend à expulser son contenu... Les eaux de Saint-Sauveur ont sur l'utérus une action présentant les analogies avec celle de l'ergot de seigle. » (*Soc. Hydr. Méd.*, Paris, 1901.)

Je remplacerais volontiers aujourd'hui les mots : ergot de seigle, par : extrait hypophysaire. L'ergot de seigle provoque la contracture de l'orifice interne; l'extrait hypophysaire et l'eau de Saint-Sauveur ne la provoquent pas.

Cette action tonifiante n'est pas seulement limitée aux fibres utérines, mais à la musculature de toute la région.

Les recherches et examens que j'ai faits m'ont permis d'observer que, vers le sixième ou huitième jour, l'exploration locale est rendue moins facile par la contraction des tissus. Cette particularité d'ailleurs est souvent remarquée par les malades elles-mêmes; certaines ont plus de difficulté pour introduire la canule ou le spéculum grillagé, d'autres disent qu'elles rejettent beaucoup d'eau une heure ou deux après la bain, alors qu'au début de la cure rien de pareil ne leur arrivait : par le réveil de la tonicité des fibres musculaires de la région, la cavité vaginale retient l'eau du bain plus facilement.

Les muscles ne sont pas seuls modifiés, mais tous les tissus et toutes les glandes, ovaires compris, les eaux agissant sur la circulation sanguine et lymphatique et sur les sécrétions par l'intermédiaire du grand sympathique.

(*Action des eaux de Saint-Sauveur sur le muscle utérin. Soc. Hydrol. de Bordeaux, 1914.*)

Action sédative :

« La cure de Saint-Sauveur se distingue entre toutes par une action particulière sur le système nerveux, action constante ou à peu près chez les
sujets sains, et présentant quelques analogies avec celle des bromures...

« ...Notons qu'il s'agit bien là d'une sédation primitive; on la constate, en
effet, très accusée dès le premier bain; on ne peut donc la confondre avec la
dépression secondaire souvent observée aux eaux et dérivant de la surexci-
tation thermale... »

Dʳ CAULET (*Bulletin médical*, 31 mai 1899.
L'action sédative de la cure de Saint-Sauveur,
Soc. Hydr., Paris, t. XXXI.)

Elle se manifeste par des signes spéciaux, très nets, très carac-
térisés.

« ...Le premier effet du bain de Saint-Sauveur est de provoquer dans
l'économie une sorte d'abattement, de longueur agréable, caractérisée, non
par un défaut de forces, mais par un manque d'énergie physique, par la ré-
pugnance à tout exercice, par de la somnolence, le défaut d'entrain et la
paresse intellectuelle...

« En cet état, les sujets disent conserver la plénitude de leurs facultés, et,
en effet, la puissance musculaire explorée au dynamomètre se maintien ou,
tend à augmenter... »

L'intensité de ces signes n'est jamais assez forte pour amener
des troubles sérieux ou un état désagréable ou inquiétant.

« Lorsque la cure est conduite avec soin et qu'on évite le surmenage les,
phénomènes observés ne sont nullement pénibles. »

En somme, l'action des eaux se fait sans choc *quand on sait
être prudent* dans la direction de la cure.

« ...La cure est *douce,* c'est-à-dire qu'en dehors des systèmes utéro-ovarien
et nerveux, elle opère en silence, sans réaction tumultueuse et troublant à
peine l'économie. »

L'action sédative des eaux de Saint-Sauveur est renforcée par
l'atmosphère calmante, par l'ambiance du pays.

Action reconstituante :

A côté des actions utérine et sédative, Saint-Sauveur a une action reconstituante, bien décrite par le Dr Faure. Cette action, sans aucun doute, n'est que la résultante des deux autres : elle n'en est pas moins appréciable. Comme conclusion à son travail, il note :

1º L'action reconstituante locale qui atteint les organes génito-urinaires.

2º L'action reconstituante générale qui se montre par l'apparence extérieure du malade et par la réorganisation générale des fonctions physiques et psychiques.

3º L'action reconstituante sanguine dont la preuve est l'accroissement rapide de la teneur en hémoglobine et l'augmentation de la valeur globulaire, l'une et l'autre pouvant augmenter d'un tiers sous l'influence d'une seule cure.

Dr Faure : *Rapport à l'Académie de Médecine sur la cure de Saint-Sauveur,* 1899).

Indications :

La cure de Saint-Sauveur s'adresse *spécialement* aux femmes souffrant du bas-ventre, quelle que soit leur affection, si la nature de celle-ci n'est ni tuberculeuse, ni cancéreuse, et si la maladie n'est pas à la période aiguë.

Les indications sont tirées de l'état général et de l'état local. Sur l'**état général,** les bons effets de la cure sont particulièrement marqués chez les :

Nerveux;

Herpétiques;

Arthritiques nerveux;

Lymphatiques nerveux.

Les nerveux déprimés, sans raison objective, supportent mal la cure et le climat.

Les nerveux inquiets, irrités, sans sommeil, sont favorablement et vite influencés.

Les nervosités liées à une affection du bas-ventre, que cette nervosité soit caractérisée par l'agitation ou la dépression, sont justiciables du traitement thermal de Saint-Sauveur.

Localement, l'eau de Saint-Sauveur, agissant sur les sécrétions, il est facile de comprendre le rôle favorable qu'elle peut avoir dans les irritations, modifications de toutes les muqueuses en général : muqueuses des voies urinaires, de l'estomac, de l'intestin. C'est là d'ailleurs un point commun avec l'action des eaux sulfureuses en général, mais les indications vraiment spéciales de la cure de Saint-Sauveur sont les affections gynécologiques caractérisées par :

— Les altérations de la tonicité utéro-pelvienne :

Les prolapsus;
Les déviations (1);
Les utérus atones consécutivement à une affection aiguë, à un accouchement, à une opération chirurgicale, ou dépendant d'un état général;
Les contractures isthmiques (2), avec règles douloureuses.

— Les modifications dans la nature ou le caractère des sécrétions ou excrétions.

---

(1) Dr MACREZ : *Tonicité utero-pelvienne et rétrodéviation* (*Gynécol*, 1909). — *Rétrodéviation aiguë* (*Gynécol.*, 1910).

(2) *Id.* : *Tonicité utéro-pelvienne : son exploration, son importance* (*Presse Méd., 1914*).

Aménorrhée;

Dysménorrhée (d. membraneuse);

Ménorrhagies ⎱ quand elles ont une cause locale
Métrorrhagies ⎰ (débris membraneux, polypes, fibro-
mes), ou une cause nerveuse;

Leucorrhée (pertes blanches d'origine corporelle ou cer
vicale (*catarrhe utérin, métrite chronique*);

Troubles de la puberté;

— ménopause.

— Les Troubles inflammatoires ou circulatoires.

Congestions pelviennes et stases;

Paramétrites ⎱
Périmétrites ⎰ avec ou sans adhérences:

Cervicites (métrites catarrhales du col avec ou sans ectro-
pion, ulcérations, cervicites sclérokystiques);

Métrites ⎱
Annexites (salpingites, ovarites). ⎰ non à la période aiguë.

Suites de couches.

— Les Troubles nerveux.

Névralgies utérines;

— pelviennes;

— sciatiques (d'origine utéro-pelvienne).

Il est à noter qu'on obtient de bons résultats dans les
névralgies intercostales, faciales, dans les tics douloureux de
la face.

— La Stérilité.

Les eaux sont dites, dans le pays, « *imprégnadères* »,
« engrosseuses. »

Contre-Indications :

Les contre-indications sont :

Les affections aiguës;
Le cancer;
La tuberculose.

Certaines tuberculoses sont améliorées par les eaux de Saint-Sauveur et les anciens auteurs mentionnent des guérisons inespérées. Mais, à côté de ces succès, on constate des recrudescences terribles. J'ai été obligé souvent de conseiller le départ à des malades pris brusquement de suffocation, d'accélération du pouls. Après avoir mis en balance les succès et les insuccès et dans l'incertitude où l'on est du résultat futur, je crois prudent d'éloigner les tuberculeux de Saint-Sauveur : ils y courent plus de risques d'aggravation que de chances de guérison.

Les eaux de Saint=Sauveur sont des eaux " hors=cadre "

Tous les hydrologues sont d'accord pour reconnaître à Saint-Sauveur des propriétés qu'on pourrait appeler paradoxales.
En effet :

Toutes les eaux sulfureuses sont excitantes.
Or, les eaux de Saint-Sauveur sont sulfureuses.
Donc...

Eh bien ! non; elles sont calmantes, et calmantes, non pas après une période d'excitation, comme on l'observe généralement au cours des cures thermales, mais calmantes d'emblée.

Quoique sulfureuses, les eaux de Saint-Sauveur sont sédatives primitivement.

C'est là une exception qui les rend précieuses puisqu'elle permet aux personnes irritables, impressionnables, les bienfaits de la méditation sulfureuse qui, sans Saint-Sauveur, leur serait interdite.

« Rien n'explique ces phénomènes — douceur d'action, sédation nerveuse, action utérine — ni la nature des eaux, ni leur température, ni le climat. Chimiquement, les eaux de Barèges et les eaux de Saint-Sauveur sont identiques : pourtant à Barèges, toutes les sources fortes ou faibles, froides ou chaudes, sont excitantes, agressives.

« Durand Fardel, très embarrassé par ces différences, fait de Saint-Sauveur une exception dans les eaux sulfureuses, une eau hors cadre.

> Dr Caulet : *L'action sédative de la cure de Saint-Sauveur : Ann. de la Soc. d'Hydrol. médic.*, t. XXXI. — *Bullet médical*, 31 mai 1899, p. 521..

« Voici des eaux d'un ordre thérapeutique particulier.

« ...Pourquoi cette eau diffère-t-elle de celles de Luchon, Barèges, Cauterets, etc.? Il est difficile de le dire.

« En effet, ces eaux sont au moins aussi chargées en principes minéralisateurs que d'autres plus excitantes.

« D'après M. Filhol, un bain de 300 litres contiendrait :

Sulfure de sodium..............	6 gr. 200.
Chlorure de sodium.............	30 gr. 17
Carbonates ou silicates alcalins.....	18 gr. 30

« C'est autant de sulfure que dans les bains moyens de Luchon et le double de chlorure et de carbonates alcalins.

« Faut-il attribuer cela à une plus grande quantité de matières organiques. Il ne paraît pas que celle-ci domine à Saint-Sauveur. Serait-ce à un excès de gaz azoté?

« La température, 34°, n'explique rien.

> Dr Max Durand-Fardel : *Traité thérapeutique des eaux minérales*, 1857, p. 87.

« Ce qui caractérise les eaux de Saint-Sauveur, c'est qu'ayant un degré de sulfuration au moins égal à celle des Eaux-Bonnes, c'est qu'avec des bains trois fois plus sulfurés que celui de la source César de Cauterets, par exemple, c'est qu'en conservant toutes les qualités médicamenteuses des eaux sulfurées, elles sont douces dans leur action et essentiellement sédatives. *Cette particularité est très remarquable.*

Dr Rotureau : *Dic. Dechambre,*
art. Saint-Sauveur.

J'insiste sur ce point pour répondre à l'embarras de certains esprits au sujet de la différence que l'on doit faire entre les eaux de Saint-Sauveur et la source du Petit-Saint-Sauveur, à Cauterets.

Ces deux sources n'ont rien de commun, rien de comparable.

Toutes les sources de Cauterets sont sulfureuses et, par conséquent, excitantes.

Parmi celles-ci, on en observa deux ou trois ayant une action plus marquée sur les organes pelviens de la femme. A l'une d'elles, on donna le nom de Petit-Saint-Sauveur, rendant ainsi hommage à Saint-Sauveur en se plaçant en même temps sous les auspices de cette station, reconnue depuis longtemps comme le prototype des eaux sulfureuses gynécologiques, mais créant ainsi une confusion aussi embarrassante que regrettable.

Saint-Sauveur, on l'a vu, s'adresse aux femmes malades, nerveuses, éréthiques (ou déprimées par leurs affections utéropelviennes), aux lymphatiques nerveuses, arthritiques nerveuses, aux herpétiques.

Cauterets — comme d'ailleurs toutes les eaux sulfureuses en général — est plutôt indiqué pour les femmes sans réaction nerveuse, celles dont l'anémie est suspecte, celles dont les affections pelviennes accompagnent un état pulmonaire, une affection cutanée, la tuberculose.

Par ce court énoncé, on voit que les eaux de Saint-Sauveur et la Source du Petit-Saint-Sauveur, à Cauterets, n'ont aucun point commun et sont plutôt opposées dans leurs indications.

La Cure

Le traitement consiste, selon les cas, en bains, injections pendant le bain, douches locales ou générales, boisson.

Les *bains* ont une durée très variable, oscillant entre cinq minutes et une heure, selon l'effet qu'on veut en obtenir et la réaction qu'ils provoquent.

Les *injections* pendant le bain (douches sous-marines, petites douches) sont prises avec l'eau venant directement du réservoir. Elles sont données à faible pression et doivent tendre à constituer un bain local à eau courante, plutôt qu'un lavage. Au lieu de ces injections, certaines personnes utilisent le spéculum de bain.

Souvent, pour modifier ou activer l'action thermale, on est obligé de recourir à l'emploi des *douches* et même à l'emploi des bains de tilleul. La douche d'eau thermale a une double action : une action mécanique, celle de la douche en général, et une action physico-chimique, due au dégagement et à l'absorption cutanée peut-être, mais pulmonaire surtout, des gaz rares et des émanations radio-actives.

En *boisson*, l'eau de la source Hontalade et Dufau provoque un véritable lavage du sang, la diurèse et une modification heureuse dans les sécrétions du tube digestif.

La *durée de la cure* est variable. On a grand tort de fixer trois ou quatre semaines comme un terme nécessaire. Certains malades peuvent tirer d'excellents résultats d'une saison plus courte; d'autres, au contraire, pour les obtenir, doivent rester plus longtemps. Les exemples ne sont pas rares de malades partis trop tôt malgré les conseils donnés.

La *fièvre thermale* est rare. Je l'ai observée seulement chez les malades qui, suivant la cure sans direction, n'étudient pas les réactions, ne modifient pas les bains selon les effets obtenus. Je ne l'ai jamais observée très intense. Je l'ai toujours vue céder après quelques jours de repos. Même dans ses actions violentes, la cure de Saint-Sauveur est douce.

Les *poussées thermales* sont assez rares. Elles se traduisent sur la peau par l'apparition de rougeurs, de papules ou par un petit semis de granulations qui disparaissent très vite sans laisser la moindre trace. Sur les muqueuses, elles se manifestent par une sensation de gonflement, de tension, de démangeaison ou de cuisson au niveau des muqueuses génitales, avec ou sans sécrétions.

Elles ne sont là ni des obstacles, ni des contre-indications à la cure; elles fournissent au contraire de précieux renseignements pour la direction de celle-ci.

Les suites de la Cure

En général, pendant quatre à cinq semaines après la cure, les malades éprouvent non pas une recrudescence de leurs misères, mais un état de malaise. En effet, après l'*action* thermale, se produit la *réaction* organique plus ou moins silencieuse, rarement tumultueuse, jamais tenace ou grave.

Ce laps de temps écoulé, les effets définitifs se manifestent et se maintiennent.

Le mois de mars ou avril est un cap difficile à doubler. Vers le printemps, une tentative de retour vers l'ancien état se produit. La plupart du temps, l'accalmie se rétablit en dix à quinze jours, mais si l'état de malaise persiste, il faut le considérer comme un avertissement et prendre son parti de faire une nouvelle cure.

Les adjuvants des eaux

Le climat, les vents, le calme de la vallée peuvent être considérés comme de précieux adjuvants des eaux dans le traitement des maladies utérines et nerveuses.

Le **climat** est tempéré, les fortes chaleurs de l'été n'existent guère à Saint-Sauveur.

D'après Lécorché le mois d'août serait le mois. le plus chaud et la *température* moyenne serait de 22º.

Toutefois, il n'est pas rare de voir la température présenter de fortes oscillations et descendre de 23º à 15º ou 16º. La chaleur se fait surtout sentir de 10 heures à 3 heures; à partir de 3 heures, le soleil allonge l'ombre des pics dans la vallée et la fraîcheur du gave s'élève jusqu'au village. Il est donc prudent de se munir de vêtements chauds.

Les *pluies* ne sont pas persistantes; elles sont rares en juillet et août. Les *orages* sont peu fréquents. De mémoire d'homme, la foudre n'a jamais frappé Saint-Sauveur, abrité par des paratonnerres naturels : les pics du Bergons et d'Ardiden.

« Les *oscillations barométriques* sont assez restreintes et n'ont jamais été au-delà de 1 cent. 5; le maximum n'a jamais dépassé 70,5; le minimum, 69.

Dʳ Lécorché : *Les Eaux de Saint-Sauveur* (1865).

L'*état hygrométrique* de l'air est en moyenne de 80 à 90 p. 100 avec un minimum possible de 76 p. 100.

Des **Vents**, celui du Sud (vent d'Espagne) est chaud, sec; il est assez rare heureusement.

« La position topographique de Saint-Sauveur protège cette localité contre tout ce que pourrait avoir de malfaisant un contact trop brusque avec le vent du Nord, puisque, à l'entrée de la vallée, se trouve de ce côté une colline qui l'abrite et sur laquelle est bâti Sozos. »

Saint-Sauveur est abrité des vents d'E. et d'O. par la chaîne du Bergons (2.070 mètres) et de l'Ardiden (2.988 mètres).

« Le vent qui tient véritablement sous sa dépendance le climat de Saint-Sauveur est le vent du sud-ouest. Ce vent maritime souffle vivement à Saint-Sauveur et c'est lui qui tempère habituellement, le soir, l'ardeur de l'été. L'influence de ce vent est à peu près constante pendant les mois de juillet et d'août; il en résulte que Saint-Sauveur jouit, pendant cette période de l'année, d'une atmosphère calme, constante, humide, chaude, comparable, à divers égards, à celle d'un climat marin pendant la même période. On s'explique donc que les effets de cette station se rapprochent de ceux d'une station maritime : elle est sédative et reconstituante (1). On peut même, à mon sens, renchérir sur ce point, car Saint-Sauveur n'a rien qui remplace l'action stimulante des brises incessantes et violentes qui soufflent au bord de la mer et qui exercent sur certains épuisés une influence néfaste en provoquant sur eux l'excitation. » Dr M. FAURE (*loc. cit.*).

Le **calme** absolu règne à Saint-Sauveur. Ce n'est pas la ville d'eaux bruyante, aux distractions multiples. Il n'y existe pas de casino, mais une grande et belle salle d'où la vue est superbe et où l'on se réunit, où l'on fait un peu de musique, où l'on se distrait et où, à l'occasion, les artistes de passage donnent une représentation.

On y fait une *cure de calme* (2) et cette cure de calme au grand air, sur la montagne, vient parachever l'efficacité de la cure thermale : cure sédative du système nerveux avec action utérine.

Le pays

A 770 mètres d'altitude, situé à 1 kilomètre de Luz et sur la route nationale de Lourdes à Gavarnie, Saint-Sauveur est un hameau de Luz, et Luz un chef-lieu de canton d'Argelès.

---

(1) L'air qu'on respire à Saint-Sauveur est ce que les Anglais désignent sous le nom de *bracing*, c'est-à-dire de fortifiant. — Dr LECORCHÉ, p. 41.
(2) Dr MACREZ : *La Cure de calme à Saint-Sauveur.* Gaz. des Eaux, 25 av. 1911.

« Luz est une charmante vieille ville — chose rare dans les Pyrénées — délicieusement située dans une profonde vallée triangulaire. Trois grands rayons de jour y entrent par les trois embrasures de trois montagnes.

« Quand les miquelets et les contrebandiers espagnols arrivaient d'Aragon par la brèche de Roland et par le noir et hideux sentier de Gavarnie, ils apercevaient tout à coup, à l'extrémité de la gorge obscure, une grande clarté, comme est la porte d'une cave à ceux qui sont dedans. Ils se hâtaient et trouvaient un gros bourg, éclairé de soleil et vivant. Ce bourg, ils l'ont nommé Lumière, Luz. » Victor Hugo (*Alpes et Pyrénées*).

Saint-Sauveur, bâti sur le versant est du massif de l'Ardiden, reçoit les rayons du soleil levant.

« Saint-Sauveur est une rue en pente régulière et jolie, sans rien qui sente l'hôtel improvisé et le décor d'opéra; n'ayant ni la grossièreté rustique d'un village, ni l'élégance salie d'une ville. » TAINE (*Voyage aux Pyrénées*).

On trouve à Saint-Sauveur :

— Trois hôtels :
> *Hôtel des Bains,*
> — *de France,*
> — *de Paris.*

Ces trois hôtels sont différemment situés. En arrivant à Saint-Sauveur, il est facile en quelques minutes de les visiter avant d'arrêter son choix. Les prix sont de 20 à 30 francs par jour, selon l'époque et la chambre occupée.

— Maisons particulières avec chambres, cuisine commune ou particulière.

— Loueurs de voitures. Automobiles.

— Postes, télégraphe, téléphone.

Promenades

A pied : p. — A âne : a. — A cheval : c. — En voiture : v.
Le temps est compté pour l'aller à pied.

Parc de Hontalade.................	p. a...	10 min.
Ferme de Campus..................	p. a...	25 min.

Cascade du Ruisseau Mensonger..... *p. a...* *30 min.*
Pont Napoléon..................... *p. a.v.* *300 mètres.*
Lacets du Pont Napoléon........... *p. a...* *10 à 20 min.*
Chapelle de Solférino............. *p. a...* *45 min.*
Maison de la Vieille.............. *p. a...* *45 min.*
Le tour du Gave par le pont Gontaut... *p. a...* *40 min.*
Le tour du Gave par le pont Napoléon
        et le pont de Luz.. *p. a. v.* *50 min.*
Pont de Sia...................... *p. a. v.* *4 km. aller.*
Sazos (église)................... *p. a. v.* *2 km. 500 aller.*
Grust............................ *p. a. v.* *1 h. 30.*
Sasis............................ *p. a. v.* *1 km. 500 aller.*
Pont des Pescadères.............. *p. a. v.* *1 km. 800 aller.*
Pont de la Reine Hortense........ *p. a. v.* *4 km. aller.*
Saligos (source ferrugineuse).... *p. a. v.* *1 heure.*
Luz (église)..................... *p. a. v.* *1 km. 400 aller.*
Luz, par le pont des Pescadères (*Tour de la*
    Vallée).................... *p. a. v.* *4 km.*
Esquièze (ruines du Château Sainte-Marie) *p. a. v.* *2 km. aller.*
Sère (église).................... *p. a...* *1 heure.*
Visos (source bitumineuse)....... *p. a...* *1 h. 20*
Esterre.......................... *p. a. v.* *45 m.*
Viella (glissement de montagne).. *p. a. v.* *1 heure.*

Excursions

Pic de Bergons (2.070 m.)......... *p. c...* *3 à 4 heures. Facile.*
Pic de Néré (2.401 m.)............ *p. c...* *4 à 5 h.*
Col de Riou (1.949 m.)............ *p. c...* *4 h.* Auberge.
Pic de Viscos (2.141 m.) par le Col de Riou *p. c...* *4 à 5 h.*
Cauterets (932 m.) par le Col de Riou.. *p. c...* *4 à 5 h.*

De Cauterets :

Pont-d'Espagne (1.448 m.). .... *p. c. v.*
Lac de Gaube (1.789 m.) .... *p.*

Pic d'Ardiden (2.988 m.)............ *p.* .... *6 à 7 h. av. un g.*

Saint-Savin (église) par Pierrefitte..... *p. c. v.* *16 km.*

Argelès (446 m.) Par Pierrefitte....... *p. c. v.* *19 km.*

Lourdes

Dont le pèlerinage national a lieu vers le 20 août. Par chemin de fer, 1 h. 1/2 aller.

Barèges (1.232 m.)................ *p. c. v.* *8 km.* Hôtels.

De Barèges (avec guide).

Pic du Midi (2.877 m.). (Lac d'On-
cet................................ *p. c.* .... *3 à 4 h.*
Lac Bleu (1.968 m.)............. *p.* ...... *4 h.*
Lac d'Orrédon (1.870 m.)....... *p.* ...... *5 à 6 h.*
Lac d'Escoubous (1.949 m.). — Lac
Blanc. .... *p. c.* .... *3 à 4 h.*
Lac d'Aygues-Cluses............. *p.* ...... *3 à 4 h.*
Pic d'Ayré (2.418 m.)........... *p. c.* .... *3 à 4 h.*
Pic de Néouvieille (3.092 m.)..... *p.* ...... *7 à 8 h.*
Col du Tourmalet (2.114 m.)...... *p. c. v...* *12 km.*
Vers Bagnères-de-Bigorre.
Vers Luchon.

Gèdre (995 m.).................. *p. c. v.* *12 km.* Grotte.

De Gèdre.

Héas (1.480 m.)................ *p. c...* *7 km.* Hôtel.
Cirque de Troumouse (1.800 m.)..... *p. c...* *3 h. a. et r.* de Héas.

Gavarnie (1.350 m.).............. *p. c. v.* *20 km.*

De Gavarnie :

Cirque de Gavarnie (1.640 m.)...... *p. c...* *1 k.*
Cirque de Gavarnie (1.640 m.)...... *p. c...* *1 k.*
Cascade de Gavarnie (h^r : 422 m.)... *p.* .... *1 h.* du cirque.

Brèche de Roland (2.804 m.) (*guide*).   p. . . . . .   *8 h. a. et r.*
Pic de Gabiétou (3.033 m.)   (*id.*).   p. . . . .   Difficile.
Pic du Marboré (2.253 m.)   (*id.*).   p. . . . .   *7 à 8 h.*
Mont-Perdu (3.351 m.)   (*id.*).   p. . . . .   *1 à 2 j. a. et r.*
Pic du Piméné (h.803 m.) *à cheval en partie*.   *3 à 4 h.*
Pic du Taillon (3.146 m.)   (*guide*).   p. . . . .   *9 à 10 h. a. et r.*
Pic du Vignemale (3.298 m.)   (*id.*).   p. . . . .   *1 jour a. et r.*

Espagne :

    Boucharo.
    Vallée d'Arrazas.
    Torla.

En Automobile

Gavarnie (1.350 m.). . . . .   *20 km.*
Barèges (1.232 m.). . . . .   *8 km.*

De Barèges :

    Col du Tourmalet.
        Vers Bagnères-de-Bigorre . . . .   *49 km.*
        Retour par Lourdes (de Luz à Luz).   *104 km.*
        Vers Bagnères-de-Luchon . . . .   *92 km.*
        Par le Col d'Aspin (1.497 m.). . . .   *35 km.*
        Et le Col de Peyresourde (1.545 m.).   *80 km.*

Cauterets (932 m.). . . . .   *25 km.*
Argelès (446 m.). . . . .   *19 km.*

D'Argelès :

    Col d'Aubisque (1.710 m.). . . . .   *49 km.*
      Laruns (420 m.). . . . .   *65 km.*
        Retour par Pau (de Luz à Luz). . .   *177 km.*
        Vers Panticosa (Espagne) (1.636 m.)   *119 km.*

Lourdes (386 m.-420 m.). . . . .   *32 km.*

    Vers Bagnères-de-Bigorre (551 m.). . . . . .   *47 km. 500.*
    Vers Tarbes (304 m.). . . . .   *51 km.*
    Vers Pau (207 m.). . . . .   *72 km.*

Pour arriver à Saint-Sauveur

De Paris, 13 à 18 heures par Bordeaux, Pau, Lourdes, Pierre-fitte.

(*Wagons-lits, wagons directs.*)

De Pierrefitte-Nestalas, tramway électrique jusqu'à Luz.

On donne dans toutes les gares des billets directs jusqu'à Luz-Saint-Sauveur.

De Luz à Saint-Sauveur (1 km. 400),

Omnibus. Voitures particulières.

Résumé

— Saint-Sauveur est une station caractérisée par *l'action utérine* de ses eaux et le *calme* qu'on y trouve.

— Saint-Sauveur possède les *seules eaux sulfureuses qui soient sédatives, douces, tempérantes.*

— La cure de Saint-Sauveur est indiquée dans *toutes les maladies des femmes, les maladies nerveuses et la stérilité.*

12625-8-22